"大自然小问题"
系列

动物中的
世界纪录

[法] 娜塔莉·托尔杰曼 / 著
[法] 弗雷德里克·米肖 / 绘
张悠然 / 译

深圳出版社

版权登记号 图字：19-2023-325 号

Originally published in France as:

Les records du monde … chez les animaux

By Nathalie Tordjman, Illustrated by Frédéric Michaud

© Les Editions de la Salamandre

Current Chinese translation rights arranged through Hannele & Associates
C/O Divas International, Paris

巴黎迪法国际版权代理(www.divas-books.com)

图书在版编目（CIP）数据

动物中的世界纪录 / （法）娜塔莉·托尔杰曼著 ；
（法）弗雷德里克·米肖绘 ；张悠然译. -- 深圳 ：深圳
出版社，2025.7
（"大自然小问题"系列）
ISBN 978-7-5507-3945-1

Ⅰ．①动… Ⅱ．①娜… ②弗… ③张… Ⅲ．①动物—
儿童读物 Ⅳ．①Q95-49

中国国家版本馆CIP数据核字(2023)第249719号

"大自然小问题"系列：动物中的世界纪录
DAZIRAN XIAOWENTI XILIE: DONGWU ZHONG DE SHIJIE JILU

责任编辑 林凌珠		责任技编 梁立新	
责任校对 彭 佳		封面设计 朱玲颖	

出版发行	深圳出版社			
地　　址	深圳市彩田南路海天综合大厦（518033）			
网　　址	www.htph.com.cn			
订购电话	0755-83460239（邮购、团购）			
设计制作	深圳市童研社文化科技有限公司			
印　　刷	深圳市新联美术印刷有限公司			
开　　本	787mm×1092mm　1/24	版　　次	2025 年 7 月 1 版
印　　张	4.5	印　　次	2025 年 7 月 1 次
字　　数	7.2 千	定　　价	39.80 元

序 言

　　窗外细雨绵绵，让人难免怀旧。无所事事的我在走廊转悠，最终停在了镜子前。"魔镜，魔镜，请告诉我：谁是这世界上最美丽的人？"不幸（或万幸）的是，镜子始终保持沉默。在映照出我的影像之前，它得好好思考一番。我粉红色的皮肤光秃秃的，既没有让人想抚摸的顺滑的毛，也没有可以抵挡蚊虫叮咬的坚硬的皮。我的皮肤没什么光泽，也没有闪亮的鳞片——总之，我的皮肤脆弱且毫无用处。于是，我决定将它藏在滑雪服下面来挽回一丝尊严。（真的可以吗？）

　　为什么我会有如此奇怪的想法？因为我觉得自己缺乏天赋。对镜细看，我发现我的眼睛看不到旋转180度后的自己。这是多么令人失望啊！我的眼睛不仅夜不能视，而且还受不得强光刺激，既感觉不到物体移动，更别提有什么360度的视野了。气恼之下，我戴上了防四级紫外线的太阳眼镜。那我的手和我的嘴又该怎么办呢？

　　为了增加时尚感，我涂上红色的唇膏，戴上由防滑材料制成的手套。这样一来，有色的太阳眼镜、鲜红的嘴唇和滑雪手套，让我看着像一个准备上战场的滑雪射击运动员，但至少这让我露出了笑容。

　　长期以来，动物的隐秘世界一直是人类灵感的源泉。在飞翔、奔跑、游泳和跳跃中，人类始终在寻找更远、更高的纪录，却忽略了我们周围的物种。如果说对荣誉的渴望激励着人类不断刷新极限，那么动物早已发展出让尤塞恩·博尔特（牙买加运动员，多次获得短跑世界冠军。——译注）羡慕的能力，而对它们唯一的奖励，是生存的权利……原来如此！在生命受到威胁的情况下，也许我们能获得更多的奖牌。

　　最终，穿着衣服、戴着太阳眼镜、露出妩媚的笑容的我，我想除了看着有些滑稽以外，心里不会担心失去什么。至少目前，"滑稽"的人类还不是一个危险的掠食者！

五届滑雪射击世界冠军
玛丽·多林

目 录

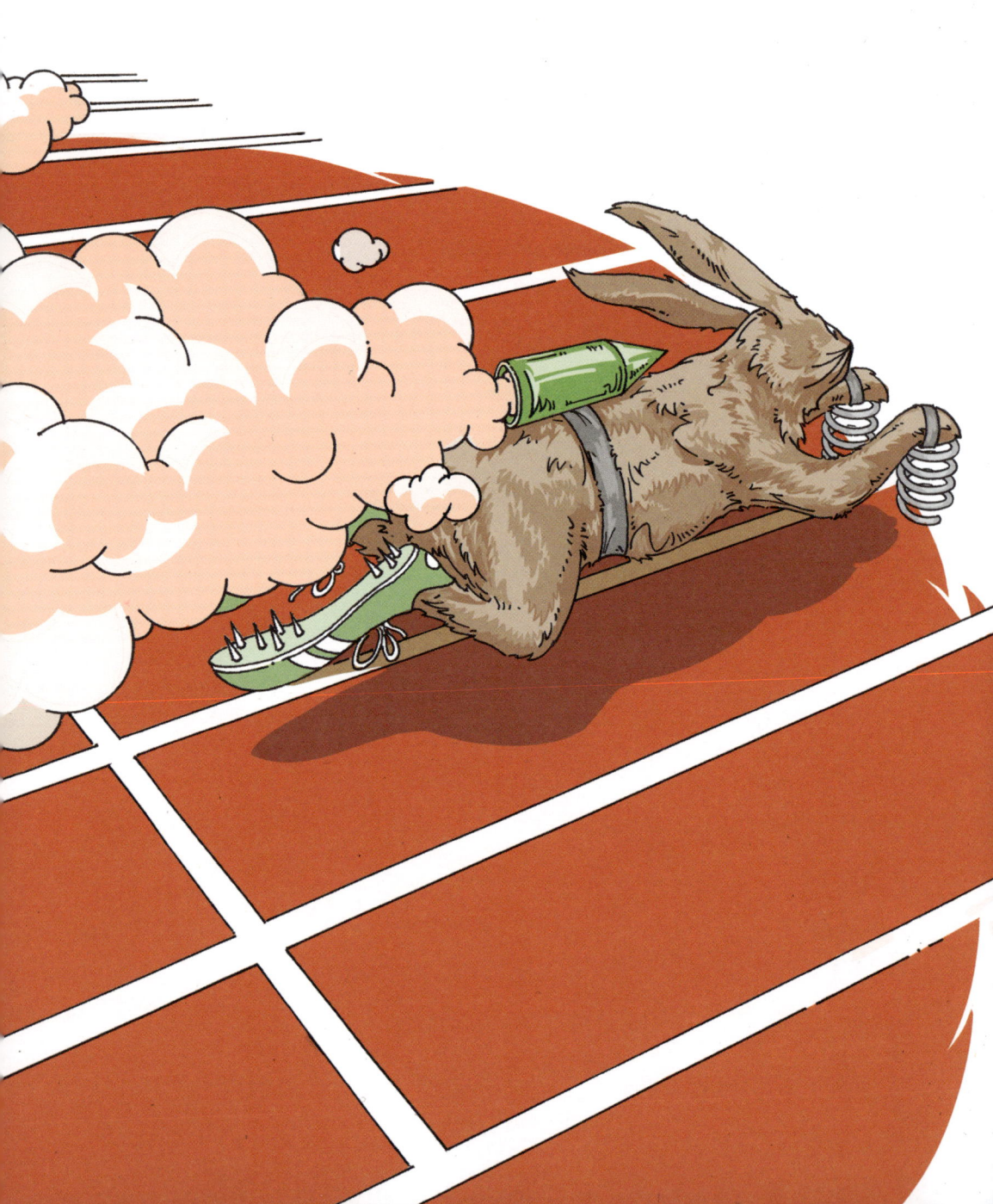

哪种动物是
百米跑的冠军?

▷ **在田野里,野兔毋庸置疑是第一名。**

野兔长长的后腿像弹簧一样,驱动着它以大跳跃的方式前进。因此,野兔的每次跳跃都有三四米远,且能达到每小时七八十千米的峰值速度。它能在5秒钟内冲过一百米线,并能轻松地超越一匹奔驰的赛马。

快跑是野兔的自我保护方式。与能在洞穴中避险、冲刺速度最高不超过每小时30千米的家兔不同,野兔主要在地面上活动。因为跳跃会耗费大量体力,野兔会等到最后一刻再进行冲刺。

在状态最佳时,野兔能连续跑几千米。但是,当一只狗或者狐狸靠得太近时,野兔会以近乎直角的方式突然急转弯——这在奥运会上属于违规动作,但在大自然中是被允许的。

此时,以每小时30到50千米的速度奔跑的掠食者会继续在直线上缓冲一段时间,这给了野兔一个宝贵的逃脱机会。

你知道吗?

跑得最快的动物总是暴露在地面上生活。因此,在非洲大草原上,一只精力充沛的猎豹能在4秒之内达到每小时90千米的速度,并能在被吉普车追赶时跑出每小时110千米的速度。

原来如此!

作为两足动物,鸵鸟在这个项目中的成绩相当不错。虽然它每只爪子只有两个指头,但为了逃避危险,它能以每小时七八十千米的速度奔跑。

鸵鸟跑一步可以跨越3.5米,这使它能甩掉大多数掠食者。

哪种动物的
毒性 最强?

▶ **我们会立即想到是蛇。**

从很久以前开始，人类就学会了警惕爬行动物——这有时是有道理的。但是，有毒的动物其实有很多：某些昆虫、蜘蛛、蝎子、蜗牛、水母，还有鼩鼱和鼩鼱（qú jīng）。这些动物会分泌有毒物质，有的还长着能喷射毒液的螫针或牙齿。

它们的毒液足以对付那些被追捕的小型动物，但通常不会对人类造成风险，因为我们不是它们潜在的美餐！

一条毒蜂不会追捕我们，但它可能会在无法逃脱时咬人。在这种情况下，毒蜂并不会向人类喷射毒液，因为它不会将毒液白白浪费掉。这种好不容易才制造出来的珍贵物质，能让毒蜂的猎物失去行动能力，瘫软在地，最终被它吞食。

你知道吗?

虽然蚊子没有毒，但它们却导致每年两百万以上的人死亡。雌蚊在吸食我们的血液时，也会注射具有麻醉功能的唾液。这种唾液如果带有病菌，就会传播疾病和病毒，比如疟疾、曲弓热和寨卡病毒。

原来如此!

在大自然中，毒性最强的毒液并不是由动物、植物或是像鹅膏菌一样的真菌制造的，而是来自能够产生可怕的肉毒杆菌毒素的细菌。肉毒杆菌毒素的致死率是氰化物的50万倍。

哪种鸟是
铅球冠军?

▶ **这可能令人难以置信，但刚孵化出来的杜鹃雏鸟是这个奖项的获得者。**

在尚未睁开双眼之时，这只刚出生的寄生鸟便会着手将养父母下的蛋推出鸟巢。每颗蛋大约是一只杜鹃雏鸟的重量，也就是2.5克——请想象一个人类新生儿把好几个西瓜从他的摇篮中推下！

为了达到目的，杜鹃雏鸟会滑到蛋的下方，并把蛋架在它的背和两个短短的翅膀之间，然后低着头后退至鸟巢的内壁，让蛋从鸟巢的边缘滚落。有时，它需要尝试两次才能成功，但雏鸟总会重新开始，就像西西弗推他的石头一样。

事实上，生长期的杜鹃雏鸟背上的皮肤非常敏感，所以背部与任何异物的接触都令它难以忍受。这种"清洗行动"之后，杜鹃雏鸟在鸟巢中就没有了竞争者，而并非自愿的养父母就只剩下它一个孩子需要抚养了。

你知道吗?

栖息于山中的大型猛禽胡兀鹫在这项运动中也有着不错的成绩。它能从天空中扔下重达1千克的骨头，让它们摔碎在岩石上。这一技巧能让它将过长（超过25厘米）的食物弄断，比如羚羊的胫骨。

哪种**动物**的
饭量 最大？

▶ 在这项赛事上，掠食者之间的竞争十分激烈，但获得金牌的却是一种很小的哺乳动物。

在蜕化成"上帝之虫"[①]前的10天里，一只瓢虫的幼虫每天能吃100到150只蚜虫。一只狐狸在一年内能捕食1万多只小型啮齿动物。至于每天能抓7000多只昆虫的西方毛脚燕，那就更不用说了。最终，我们要把这个奖项颁发给每天食量是自身重量4倍的小臭鼩。想象一下，一个10岁的孩子每天吃光120千克的牛排！

凭借不足2克的体重，来自地中海的小臭鼩成为世界上体重最轻的哺乳动物。

小臭鼩的主要食物是蜘蛛、蜈蚣、蛆、蚱蜢、蟋蟀及其他小昆虫，甚至成窝的田鼠幼崽，而这些猎物有时体形比小臭鼩还大些。

但是，为什么小臭鼩要吃这么多呢？这是因为它有与体形不成正比的异常庞大的心脏，而且非常活跃，每分钟跳动900至1400次。然而暴食是有严重后果的：小臭鼩的寿命不会超过16个月。

①法语中对瓢虫的别称。——译注

世界上最庞大 的动物是什么?

▶ **重达130吨的体重让蓝鲸一直保持着大块头动物的绝对世界纪录。**

在地中海,我们可以观测到体重在50到70吨之间的鳁鲸——这相当于十几只大象的重量。您还会发现,现如今大多数大型动物都生活在海里,这是因为生物进化也逃不过物理定律。

在陆地上,重力阻碍着生物的生长;在大海里,动物们则服从浮力定律——水作用于动物身体的向上的压强与其浸泡在液体中的体积成正比。

因此,海洋哺乳动物正因有海水的承托,它们的骨头才能支撑起非常重的肌肉和脂肪。但当它们浮出海面时,巨大的身体便失去了形状,并在重力的作用下垮塌。这就是为什么搁浅的鲸鱼会因为自身的重量窒息而死。

对了,谁才是陆地上最大的动物呢?答案在第17页。

你知道吗?

在大块头的海洋哺乳动物的队伍之后,另一种海洋巨头保持着体重的世界纪录,那就是隶属软骨鱼纲的鲸鲨:它的体重能达到18吨。

鲸鲨出没在温暖的海洋,长着细密的牙齿,并且和蓝鲸一样只捕食小型动物。

哪种**虫子**会获得**跳高**冠军?

▷ **相对于它的个头来说,跳蚤当之无愧地保持着这项世界纪录。**

跳蚤的一次跳跃能达到25厘米高。这看似普通,但对于身高仅有1.55毫米的昆虫来说,这是一个壮举:这个高度大概是它身高的160倍,相当于一个人跳到埃菲尔铁塔的高度!而且,由于有坚韧的皮肤,跳蚤能毫发无损地落地。

起跳之前,跳蚤会蹲在更长的后脚上,然后突然舒展关节。跳蚤跳得高的目的是逃跑,或在出生之后寄宿到经过的哺乳动物身上。它起跳的速度能达到每小时450千米。

在跳远方面表现出色的一些小动物,在跳高上也毫不逊色。青蛙能跳到2米高,这高于家猫1.8米的成绩,但略逊于袋鼠3.2米的成绩。

但是,跳高的绝对世界纪录属于美洲狮,它不用助跑就能跳上两层楼,也就是离地四五米的高度。让我们想想看,人类的跳高纪录是2.45米,并且需要助跑、单脚起跳和腾空过杆的一系列动作。

你知道吗?

在没有腿和地面支撑的情况下,一只海豚靠旋转和扭动身体就能跳到水面以上7米高。

但是,为了完成这个精彩的表演,海豚需要非常久的训练时间,而它的动力来自驯兽师奖励的鱼。对海豚来说,这项技能在大海里并没有什么用处。

什么**动物**要口吐白沫才能在百米赛跑中获**最后**一名？

▷ **答案是蜗牛。这是显而易见的，因为蜗牛需要分泌唾液才能爬行。它在起跑的3到5小时之后，才能到达终点。**

蜗牛行动之所以如此缓慢，是因为它并不需要着急。蜗牛随时都可以躲在它的壳里，就像乌龟缩在龟甲里那样。

在地形有利、自身动力足够时，这个腹足纲动物最多能在1分钟内爬行60厘米。这无论如何都是一项壮举：别忘了蜗牛爬行时需要背负它的壳，并且只用一只脚在路上前进！

蜗牛强壮的软体能分泌一种黏糊糊的液体——它的唾液。唾液不仅能让蜗牛在干燥或者粗糙的表面上滑行，而且能让它在翻越障碍时贴紧了爬行。事实上，这种分泌物是蜗牛从生活在海洋中的祖先那儿继承来的。从那时起，陆地蜗牛软绵绵的身体便浸泡在壳中的一小摊黏液之中。

在这项不可能完成的赛事上，蜗牛的两位竞争者超过了它：陆龟以平均每分钟4.5米的速度用四肢行走；海星则以最高每分钟2米的速度爬行，尽管它的每条腕下都有上千只带吸盘的小脚！

你知道吗？

树懒是慢条斯理界的世界冠军中的一员。这种来自南美洲的哺乳动物在树上生活，用长长的四肢把身体挂在树枝上进行移动，约4小时才能行进1000米。它的懒散加上绿色的皮毛，能确保它骗过掠食者的眼睛。

陆地上最大的动物是什么？

▶ **答案毫无疑问是非洲草原象。**

重达6吨的非洲草原象在颁奖台上高居首位，它的表亲亚洲象凭借4到5吨的体重位居第二，铜牌则属于2.3至3.5吨的白犀。在欧洲，重达5吨的猛犸象于1万年前灭绝之后，陆地上最大的野生动物就成了野牛。这种在森林里生活的动物也曾经在捕猎之下近乎灭绝。野牛靠着1.2吨的体重，遥遥领先于体重700千克的雄性驼鹿，紧随其后的是仅300千克重的棕熊和马鹿。

经过不断地挑选，人类畜养的牲畜也变得越来越庞大，一些公牛甚至快超过2吨重了。

然而，这些仅用于繁殖的参赛牲畜可能会在兴奋剂检测中呈阳性，也可能因为超重而折断腿。

你知道吗？

你发现了吗，陆地上最大的动物都是食草动物？草所含的营养有限，所以这些动物会花很多时间进食。但是，它们庞大的身躯也是有用处的：大多数掠食者在它们面前都显得微不足道！

原来如此！

一些生活在陆地上的恐龙有着巨大的体形。已知最大的蜥脚类恐龙是一种身长40米的食草四足恐龙。从在阿根廷发现的一些骨骼化石来看，它的体重达到了77吨，相当于15只大象的重量。

最重的飞鸟有多重?

▶ **生活在非洲的灰颈鹭鸨保持着这个项目的世界纪录。**

最大的雄性灰颈鹭鸨（bǎo）体重可达19千克，雌性稍苗条一些——它们的体重是雄性的一半。虽然灰颈鹭鸨具有飞行的能力，但它们大部分时间都在地面上生活。灰颈鹭鸨在青草中寻找食物，并在土地的凹陷处筑巢。在欧洲，12至13千克重的疣鼻天鹅是很好的帆船手，11千克的西域秃鹫则是滑翔飞行大师。相比之下，10千克的火鸡既不能高飞，也不能长时间飞行。

由此可见，在飞行艺术中，体重不是唯一的决定性因素，最重要的是翅膀翼前缘的厚度，翼前缘越厚，翅膀上方的压力就越小，从而起到吸气的作用。这种物理现象使得鸟类和飞机得以在空中上升。

无论如何，重量对肌肉来说都是不小的挑战。为了飞行，天鹅需要在地面或水上进行10到20米的助跑，并在此过程中轻微张开翅膀，以便借空气之力，然后腾空飞起，扇动翅膀。此时，我们能听见它的羽毛与空气摩擦的声音。它飞行时的速度能达到每小时85千米。

对了，哪种鸟的翅膀最长呢？答案在第27页。

你知道吗?

疣鼻天鹅在北极的表亲小天鹅有时会在欧洲迷路。小天鹅虽然体重不足8千克，却保持着另一项世界纪录——羽毛最多的鸟类。在冬季，它的羽毛多达2.5万根，80%都分布在头颈部。

最长的蛇

有多长?

▶ **在这项世界级赛事上，金牌在两位选手中产生：身长超过9米的亚洲的网纹蟒和南美洲的森蚺。**

这两种爬行动物拔得头筹，一点也不令人惊讶。因为生活在潮湿的热带地区，它们的体温始终保持在对新陈代谢最有利的温度。这些蛇吸收的热量会加快消化吸收和肌肉活动所需的化学作用，它们也因此得以终生不停地生长。

捕猎时，这些巨大的蟒蛇并不需要毒液，只需将自己的身体缠绕住猎物，让后者窒息而死，然后将猎物整个吞入腹中。

在欧洲，最长的蛇聚居在地中海地区——在那里，它们可以找到几乎全年都能让它们保持身体温暖的地方，因此一些水蛇能达到2米长，但欧洲南部的阿斯克勒庇俄斯蛇和蒙彼利埃蛇有时能超过它们。

在这些物种中，雌性通常比雄性体形更加庞大。

你知道吗？

蛇并不是地球上最长的动物。一头蓝鲸的身长能超过30米，但世界纪录的保持者是海洋中的巨纵沟纽虫：在伸直时，它的身长能达到40米。

原来如此！

在恐龙时代，海洋中的一些爬行动物比今天的蛇类还要长。一些蛇颈龙能长达15米——是的，一直以来，在水中成为巨人都更加容易！

陆地上最高的野生动物是什么？

▶ **您一定已经猜到，世界上最高的动物是长颈鹿。它的头能碰到三层楼，也就是离地五六米的高度。**

这个热带草原上的瘦高个儿得益于它修长的腿、离地3米的肩膀，特别是它的长脖子。事实上，长颈鹿和人类一样，只有7节颈椎，但是它的每节颈椎都长达近30厘米，而人类的颈椎每节最多只有2厘米多。尽管如此，长颈鹿也还是吃不到巨杉离地近百米的叶子！

在欧洲，我们能遇见的最高的动物就是用后腿站立的棕熊了。它站立时，可以把嘴伸到离地面2米高的地方闻远处的味道，它有时也用这种姿势来威慑对手。棕熊爬行时，会回到四脚着地的姿势，此时它的肩膀离地就只有1米高了，甚至可以从肩隆1.65米以上的驮马的胯下钻过去。

哪种**动物**能在 **撑竿跳**比赛上 拔得头筹？

▶ 自然界中，有两位认真的选手在这项体育赛事上展开了角逐：弹尾虫和叩头虫。虽然它们表现的风格不同，但所利用的都是杠杆原理。

弹尾虫是小型节肢动物，有时颜色很鲜艳。它并不借助六条腿，而是依靠身体下方一条叫作叉骨的叉形杆子骨来跳跃。正常情况下，叉骨由一个小钩子固定。

在躲避敌人时，被小钩子放开的叉骨有力地击打地面，让我们的运动员弹尾虫得以完成一次后空翻。叉骨只对生活在地面或水面的弹尾目亚种有用，生活在地下的亚种并没有这个器官。叩头虫是鞘翅目昆虫，它们利用胸腔下方的一条杠子来跳跃，这条杠子卡在腹部下面的槽子里。

危险来临时，或者不幸处于背朝下的姿势时，叩头虫会蜷缩起来，并拱起腹部。这个动作产生的压力足以使杆子脱离挡块，伴随着标志性的"咔嚓"声，将叩头虫投掷到空中。这一跳在顷刻之间完成，而且能达到30厘米高。

叩头虫通常会脚朝下落回地面，紧接着迅速逃跑，远离掠食者。

那么，哪种虫子能赢得跳高冠军呢？答案在第12页。

你知道吗？

与利用助跑产生的速度来增加高度的撑竿跳运动员不同，弹尾虫和叩头虫借助它们的杆子跳跃时，并不需要助跑。

哪种鸟的
翅膀最长?

▶ **现存翼展最长的鸟生活在水面：它就是漂泊信天翁。**

漂泊信天翁双翅两端的间距达到了3.6米。普通的大巴车宽2.55米，而漂泊信天翁的翼展比它宽了许多。相比之下，翼展1.65至1.8米的北方鲣鸟宛如一个小模型。因此，当巨大的漂泊信天翁来到地面筑巢时，它的降落和起飞都犹如特技表演。

栖居在地面的鸟类中，猛禽占据了领奖台上的三个位置。胡兀鹫凭借双翅两端2.6到2.8米的长度站在了最高的位置，翼展2.5到2.7米的西域秃鹫紧随其后，而第三名则要颁给翼展2.1到2.3米的雌性金雕——雄性金雕的翼展不超过2.1米。

猛禽的翅膀是板状的，所以它们并不会一直拍打双翅，而是会从悬崖上俯冲到空中，让温热的上升气流给予它们一个支撑。也就是说，猛禽只在白天飞行，而且从来不会飞到海面上。

对了，哪种鸟在空中飞得最高呢？答案在第39页。

你知道吗？

最大的飞鸟之一疣鼻天鹅也凭借2到2.3米的翼展表现不凡。在飞行中，它会尽量向前伸直头颈，并在不滑翔的情况下有规律地拍打翅膀。降落时，疣鼻天鹅会先任由自己在空中滑落，然后用带蹼的脚来减速，从而保证身体与水面顺利接触。

谁是动物界速度最快的潜水员？

▶ 位列榜首的是一种鸟类——能以极快速度冲入水中的北方鲣鸟。

水鸟们占据着高台跳水比赛的最高领奖台。北方鲣（jiān）鸟因为它令人惊叹的三四十米高台跳水而闻名。在以接近每小时100千米的速度冲破水面时，它会让双翅紧贴着身体。

北方鲣鸟的头骨异常坚硬，并且有一个帮助承受冲击力的气囊系统来保护大脑。一般情况下，它的目标是在空中就盯上的鱼群，并根据它们的位置不断调整靶心。它入水时所产生的波浪就能使猎物晕头转向。在水中，它也可以借助翅膀对鱼进行追捕。无论如何，浮上水面时，北方鲣鸟的喙总是空空如也——它已经在潜水时吞下了它的美餐。

相反，在海面上方几米巡逻的白嘴端凤头燕鸥，以每小时40千米的速度冲进水里，但会叼着猎物离开。

你知道吗？

在河边或湖边，翠鸟从距离水面1到2米的树枝上起飞，以翅膀紧贴身体的姿势垂直入水，以每小时35到40千米的速度冲进水里，几乎不减速，但它的俯冲动作很少能让它潜到超过25厘米的深度。翠鸟会带回活着的猎物，在树枝上用力摔打它，然后从头部开始将其吞下。

应该给哪种虫子颁发举重金牌?

▶ **在举重项目上，昆虫是最厉害的。**

外骨骼和相连的肌肉能让昆虫这种六条腿的生物举起、拖拽或者推动比它们自身重很多的物品。但是，昆虫这样做的目的并不是为了打破纪录。

那么，对它们来说，这项特长到底有什么用处呢? 犀角金龟与欧洲深山锹形虫是并列最大的鞘翅目昆虫之一。犀角金龟用它的角将雄性竞争者举起并摔到地上。这意味着它能举起约等于它自身体重的重量。

神圣粪金龟能搬动相当于它体重90倍的重量。这只2.5厘米长的昆虫会紧紧抱住比一个乒乓球还要大的动物粪球，但是，神圣粪金龟更倾向于滚动而不是举起粪球，它会把粪球埋在土里当作幼虫的粮仓。

最后呢，金龟子和蚂蚁之所以是举重佼佼者，是因为它们可以用上颚将重物一直举到它们回到巢穴为止。一只金龟子可以承受400倍自身体重的重量，而一只蚂蚁则能承受50到60倍自身体重的重量。

你知道吗?

让我们看看哺乳动物中谁是举重冠军吧! 一头穿上象具的亚洲象能承受它自重的1/4的重量，也就是至少1吨。1吨重的一头大猩猩能够举起300千克的重物，而我们人类的举重冠军，也能在比赛中举起大约自身体重3倍的重量。

谁能包揽所有
跳远项目的冠军？

▶ **在立定跳远的世界锦标赛上，非洲瞪羚，一种来自南非的羚羊，远超其他对手。**

仅凭跟腱的力量，南非橄榄球国家队的这个吉祥物就能表演15米的精彩一跳。非洲瞪羚遥遥领先于第二名的澳大利亚东部灰大袋鼠。袋鼠"Z"字形的强壮后腿能让它们一跳13米。在着地之前，它们会利用自己长长的尾巴来保持平衡。

青蛙和螽（zhōng）斯也参与了这项赛事。绿螽斯创造了无与伦比的7米的纪录——这相当于其体长的200倍！如果人类运动员有同样的天赋，也许他就能跳出140米远了，而现在人类仅能越过9米线。但是，螽斯的纪录遭到了一些质疑，因为它们跳跃时会振动翅膀。

在最佳状态下，青蛙能跳出5.3米的成绩，与它的体形相比，这一跳相当于它体长的50倍。然而，这一结果也遭到了质疑。质疑者认为它前后腿的蹼能让它在空中滑翔。

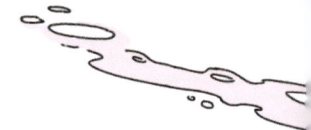

什么河鱼
能获得100米
自由泳冠军？

▶ **在这项赛事上，一些选手摆动着身体逆流而上，一些作弊者则顺着水流而下。**

渔夫们都很清楚，鱼类中的掠食者，例如鳟鱼或梭鱼，可以飞快地加速。它们窥伺着猎物，在看到猎物出现在它们可及范围内时如箭一般飞速滑行。它们将双鳍紧贴身体来达到每小时35千米的最高速度。

鱼类喜欢逆流时的姿势。游泳时，它们摇动身体并横向摆尾，而不是使用鱼鳍。这样一来，一条鲑鱼就能在游动时保持每小时9到10千米的速度。按这个速度，当它想跃出水面时，就会弹射到空中。它也因此得以越过最高2米的障碍物。

在大海中，有着流线型身体的金枪鱼是速度最快的硬骨鱼之一，它们的游速能够达到每小时20千米。

平鳍旗鱼被称为世界上速度最快的鱼，因为它能以每小时110千米的速度，在3秒内完成冲刺，这是一个无与伦比的纪录。平鳍旗鱼冲刺时甚至能跃出水面。

你知道吗？

动物在水中可以达到的速度，与它们的体形和皮肤构造密切相关。正因如此，一条大白鲨凭借能减少摩擦的表皮，可以达到每小时36千米的速度。

至于海豹和港湾鼠海豚，它们比自己要追猎的鱼速度更快。

什么动物
一定能获得
马拉松冠军?

▶ **在这项赛事上,灰狼是最被看好的选手之一。但我们一致同意,这些选手的目标可不是炫耀赛跑运动员的号码牌!**

我们之所以能准确地知道灰狼的表现,是因为我们将配有卫星定位信号标的项圈佩戴在一些灰狼的身上。灰狼常常能够在一个夜晚跑过60千米的距离。

就像一句俄罗斯谚语所说的,"狼只有在行进时才能捕猎"。因此,灰狼既可以连续侦察200千米,也可以在近处有猎物时移动仅400米。在一般情况下,它会选择以每小时12千米的速度行动,且能在数小时内保持这个速度,并时不时穿插每小时60千米的冲刺。灰狼并不具备排汗的能力,所以为了避免身体过度发热,它需要控制自己的体能,适时休息。像狗这个近亲一样,灰狼用伸舌头的方式来给身体排热降温。

年轻的灰狼绝不会欠父母的债。到了一岁至一岁半,它们就会在春季或秋季离开狼群。在这段离群索居的时间里,它们会在短短几天内完成长达800千米的距离。

对了,谁是动物中最顽强的呢?答案在第81页。

你知道吗?

在动物界的耐力比赛中,双峰骆驼是一支劲旅。这种居住在戈壁沙漠中的动物,有着能抵御严寒和酷暑的厚厚的皮毛,两个驼峰中贮存着脂肪,所以能不吃不喝地行进一个多星期。

哪种鸟
飞得最高？

▶ **在欧洲，这项赛事的冠军在"热能滑翔机"——秃鹫、鹰和鹳当中产生。**

鸟儿飞行高度的世界纪录往往因为鸟群和民航飞机的相撞事故而为人所知。举个例子，1974年，一只秃鹫，可能是一只黑白秃鹫，在西非海拔近11300米的高空，撞毁了一架飞机的发动机，并将这个纪录保持至今。

这些拥有巨大翅膀的鸟类有作弊的嫌疑，因为它们不费多少力气就能飞上高空。它们将上升的热气流当作压力泵，同时在空中盘旋，以避免离开热气流。在高空，这些鸟类没有什么障碍物，也很少遇见掠食者。强大的喷射流轻而易举地推动它们前行，而密度更小且更加新鲜的空气能让它们活力倍增。但是，所有运动员都知道，处在高海拔有一个巨大的不利因素——高空中的氧气更加稀薄。因此，对鸟儿们来说，找到征服地心引力的窍门还不够，它们还拥有不同类型的血红蛋白，可以根据海拔高度来调整血氧，并且有一颗强壮的心脏给肌肉供应能量。无论如何，大部分鸟类不会飞到离地1500米以上的高度。

对了，哪种鸟能赢得空中马拉松的冠军呢？答案在第47页。

你知道吗？

令人震惊的是，有时停驻在我们公园里的斑头雁竟然是高空飞行的冠军。野生斑头雁每年都会从喜马拉雅山脉上空迁徙，途中会经过一些海拔8000米以上的山口。

什么**动物**会每年多次**换装**？

▶ **动物们的服装全都无可挑剔。它们会根据季节定时更换着装，以保持最佳状态，但我们并不总能注意到这一点。**

白鼬每年会换两次毛，而且非常明显。在山区和北边地区，它们夏天的棕色皮毛会在冬天变成厚厚的白色皮毛。这一变化为白鼬提供了很好的伪装。白鼬大脑中的一个腺体——松果体能感知白昼的缩短，进而触发它们换毛。

在秋天，只要温度温和，白鼬就能在三个星期内长出缺少黑色素的毛；但是，当寒流来袭，它们的身体能加速转变为白色。在积雪地区，雪兔也使用同样的策略。

鸟类也时常变换它们的羽毛。事实上，羽毛会随着时间的推移而磨损，旧的羽毛会被新的羽毛替代，所以我们从来见不到没有羽毛的麻雀。某些品种的鸟类会利用换毛的机会来更换羽毛的颜色。岩雷鸟在冬天是白色的，但到了夏天，会变成和岩石相同的颜色。雄性绿头鸭会在寒冷的季节披上新婚礼服，而在温暖季节到来时将它丢弃。

你知道吗？

章鱼、乌贼、变色龙、蜥蜴和青蛙不需要换毛就能改变颜色。它们皮肤细胞里的各种色素能根据情况聚集或分散，比如在温度变化、精神紧张，或者求偶的时候。

谁是掠食者中速度最快的?

▶ **如果您的回答是猎豹或者狮子,那您就错了:遥遥领先的是蜻蜓幼虫。根据回放视频,裁判们确认,蜻蜓幼虫能在20毫秒内攻击它的猎物。**

与在天空中优雅飞行的蜻蜓成虫相反,幼虫们在水中生活。根据蜻蜓不同的种类,幼虫们在水洞、急流或者水塘里的生活短则三个星期,长则四年。但和蜻蜓成虫相同,所有幼虫都是食肉动物。它们有一个特别的器官,叫作脸盖,因为它藏在头部下方,脸盖后面有一个绝妙的武器——下唇。

下唇类似一条有关节的手臂,能够灵活地操作末端的钩子。在下唇折叠的状态下,这些钩子会钳住猎物,把它拉向强壮的下颚。在20毫秒内,附近经过的蠕虫、甲壳虫、鱼苗或是小蝌蚪,都会成为蜻蜓幼虫的囊中之物。

和蜻蜓幼虫不相上下的是螳螂。它的爪子被称作"掠夺者",能以每秒近40米的速度伸向猎物,把后者卡在锋利的刺之间,再以同样的速度把爪子收回去,就像折叠一把瑞士军刀。

你知道吗?

昆虫需要先热身才能活跃,它们从环境中获得热量。在夏季炎热的白天里,蜻蜓成虫会以每小时70千米以上的速度,表演各式各样的空中杂技:俯冲、悬停、迂回、倒飞、加速。

谁创造了动物界的 屏气潜水纪录？

▶ 注意，只有部分时间生活在水域以外的动物，才有资格参加这项比赛。在屏气潜水世界锦标赛上，冠军得主是帝企鹅。

这种出色的鸟类在屏气潜水赛事上的纪录是20分钟。为了完成这项壮举，帝企鹅需要减缓它的心率。但是，由于它的猎物生活在浅水水域，帝企鹅通常并不需要在水中停留超过7分钟。

在欧洲分赛区，水中生活的鸟类同样占据着所有的奖台。潜水专家鸬鹚（lú cí）在捕食一条鱼时能在水下待上3分钟，尽管通常只需30秒的时间就可以获得成功。在水下时，鸬鹚半防水的羽毛能够释放羽毛间的空气，这样一来，重量增加的鸬鹚就能在游泳时消耗更少的体力。

在潜鸟家族中，黑喉潜鸟是潜水的王者，在冬季的欧洲各海岸都有它们的身影。虽然有人表示他们看到过黑喉潜鸟在水中消失10分钟，但是黑喉潜鸟普遍被承认的成绩是3分钟左右。

最后，为了捕鱼，凤头䴙䴘（pì tī）能在水中待上50秒，并且能在离入水点相当远的地方重新浮出水面。

你知道吗？

我们特别注意到，有一种有肺的动物在这项纪录上的成绩被取消了，那就是抹香鲸。抹香鲸只在水中生活，它的身体也特别适合潜水。靠着在水面时积攒在肌肉中的氧气，它能在水中潜伏长达2小时。

哪种鸟能获得
空中马拉松冠军?

▶ 这项赛事的冠军是媒体的宠儿北极燕鸥。它能在一年内飞过6万到8万千米的距离，从地球的一极到另一极，这也是动物界距离最长的迁徙。

因此，北极燕鸥几乎一直生活在夏季和日照之下。在北极的夏天，它在格陵兰岛筑巢；但在寒流到来之前，它就会动身前往南极的威德尔海。这只125克重的小鸟的去程和返程并不走同一条路线，它会在大西洋上空走一个大大的"S"形路线，以便利用主风前进。它的去程大约持续80天，而回程则只需一半的时间。

在法国，长途迁徙的典型鸟类包括燕子、雨燕和白鹳。为了从欧洲到非洲，鹳们会绕过地中海，经直布罗陀海峡或者伊斯坦布尔海峡，然后毫不犹豫地飞越撒哈拉沙漠。它们每天飞行150到300千米，从德国飞到非洲南端，全程飞了9000到1万千米。

燕子和雨燕每天飞行8到10小时，距离可达350千米。即使在逆风的情况下，这些小鸟也能一口气飞越地中海和撒哈拉沙漠。

你知道吗?

海上马拉松的冠军得主是座头鲸。它每年会在极地的海域和赤道之间往返两次，并停留在同一个半球。这也相当于一个2万千米的来回了。

哪种常见的哺乳动物
繁殖能力最强？

▶ **答案是母老鼠。一般情况下，它有6对乳头。所以，理论上它一胎能够喂养12只之多的幼鼠。**

母老鼠的繁殖能力非常强。这就是我们总是用老鼠做实验的原因吗？可能是吧。

你也许没有意识到，鼠类能全年繁殖，每年生产4到7次，每次生产6至12只幼鼠。这些幼鼠迅速长大，能在一个半月后也成为父母。在这种疯狂的繁衍速度下，母鼠每年无疑可以孕育数千个直系后代。幸好它们在18个月后就不会再进行繁殖了。

其他雌性哺乳动物则没有这么多乳头。母马、母獭羊、母绵羊都只有1对乳头，母河狸和母牛有2对乳头，母松鼠和母猫有4对乳头，母刺猬和母狗有5对乳头。

永远追求高产的人类试图控制大自然，他们选择饲养有6对乳头的母兔和拥有8对乳头的母猪，还饶有兴味地把拥有22个乳头的金仓鼠当宠物来养。

对了，动物中哪对父母能抚养最多的幼崽呢？答案在第89页。

你知道吗？

需要注意的是，乳房只有在母亲生产之后才会产奶。它们的作用是为新生儿提供一种增加能量的物质——母亲的奶水蕴含新生儿所需的所有成分，并为它们奠定一个良好的开始。

断奶后，幼崽的生长速度减缓，生长速度快慢取决于环境中食物的丰富程度。

哪种鸟在飞行中最有耐力？

▶ 这项比赛的金牌得主是雨燕。在不停歇的情况下，它能在空中日夜飞行180天以上。

拥有微型全球定位系统的高山雨燕取得胜利。这些和乌鸫体形相仿的鸟儿快速扇动翅膀并间或短暂地滑翔。为了补充营养，它们会吞下飘浮在空中的小昆虫和幼年蜘蛛。

想休息的时候，高山雨燕会飞到高空保持飞行。在此期间，它做每次3秒的休息，中间穿插4秒的振翅飞行，以确保自己不降低高度。

同样拥有微型全球定位系统的穗鹠（suì jí）是一种以昆虫为食的迁徙鸟类。它可以在4天内，从加拿大东部飞到巴芬岛，总距离为3400千米，也就是说平均每天飞越850千米。

从数学的角度来考虑，这种鸟必须24小时不间断地以每小时35千米的速度飞行，除非它刚好遇到顺风。

那么，哪种鸟儿飞得最高呢？答案在第39页。

你知道吗？

一只年轻的信天翁在回到它的出生地——南方群岛之前，会在海上飞行长达7年之久。虽然它会在海面上休息几次，但它有时也会连续几天一直待在空中。在海风和海浪引起的弱气流的帮助下，信天翁可以一口气飞行1000千米。靠着由健硕的肌腱扇动的翅膀，它能轻松达到每小时130千米的速度。

哪种**动物**能获得
最佳工人奖?

▶ **这个备受赞美的奖杯获得者是……蜘蛛!它吐出的蛛丝比钢铁还结实,比尼龙还富有弹性。**

为了完成一张直径为10至20厘米的蛛网,蜘蛛需要生产20至30米长、直径为0.025到0.07毫米的蛛丝。这个至关重要的编织品能让蜘蛛隐蔽自身、困住猎物、交配或是藏匿自己的卵。无须训练,每个品种的蜘蛛天生都会编织样式和大小都不尽相同的网。根据不同的需求,蜘蛛的丝囊能分泌粗细、湿度、硬度和黏度不同的蛛丝。

另一种强大的动物产品是蛞蝓(kuò yú)的黏液,它能够很好地粘在干燥或潮湿的表面上。它坚硬且有弹性,让蛞蝓这种没有脚和壳的软体动物能在滑行时用力抓住地面,躲避想抓捕它的掠食者。

那么,什么鸟构筑的巢最大呢?答案在第77页。

你知道吗?

蜘蛛的丝和蛞蝓的黏液一直以来都在被模仿,但从未被超越。它们是科学研究的对象,尤其是它们的结构被广泛应用在工业、体育和医疗外科方面。

原来如此!

动物界最牢固的建筑之一是由身长只有几毫米的白蚁建造的。它们用唾液和泥土制造的混合物在风干时会变得如水泥般坚硬。在欧洲,这些昆虫一般来说只会建造地道;但在非洲和澳大利亚,一些壮观的白蚁窝能达到4到6米高。

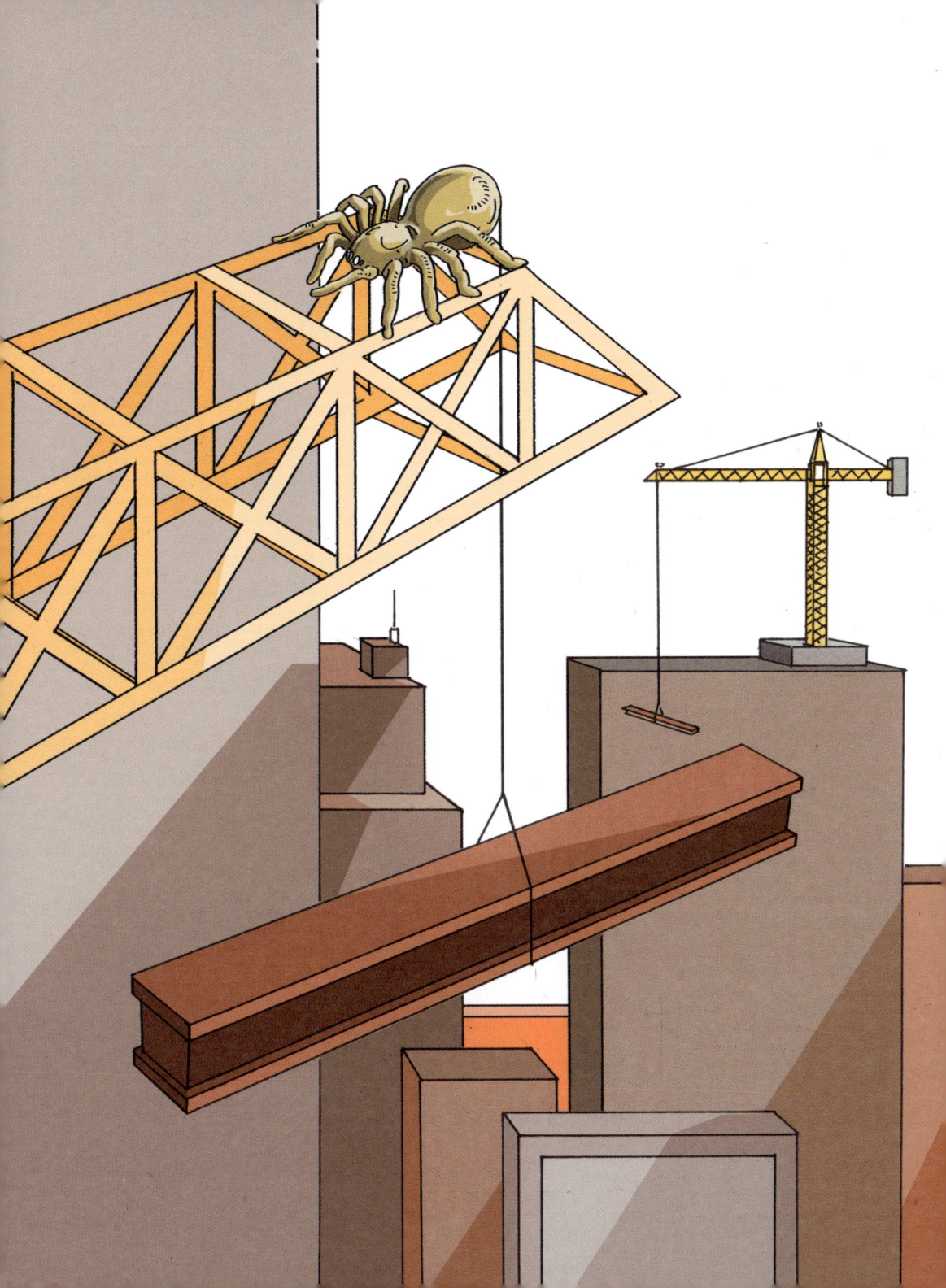

世界上速度
最快的鸟是什么?

▶ **游隼（sǔn）在垂直俯冲时的速度据说可以达到每小时390千米。虽然这个数字可能有些夸张，但游隼仍然是这项赛事当之无愧的冠军。**

在开始它令人惊叹的降落之前，游隼会挥动翅膀来增加飞行高度，然后双翅紧贴身体，像炮弹一样以或正或斜的角度下落几百米，毫不费力地把速度提高到每小时250至300千米。

游隼全程紧盯着它的猎物——一只正在飞行的小鸟，并微微张开翅膀，调整自己的航线。虽然它的敏捷程度会使猎物猝不及防，有时仍然需要爪子朝前，来个急转弯去猛袭猎物。此时，游隼的速度与麻雀的速度相近。

金雕也使用这个俯冲的飞行技巧。它

俯冲时的速度接近每秒钟50米，也就是每小时180千米。但它在抓住猎物——小型哺乳动物——之前，需要用力刹住，以防自己撞在地上。

你知道吗?

另一位高空飞行运动员——普通楼燕，也是动力十足的冲刺好手。它镰刀状的翅膀可以让它在短距离内达到每小时200千米的峰值。但是，你在夏天看到它在空中追逐的速度，往往在每小时40和80千米之间。

哪种动物的
刺 最多?

▶ **拥有5000到7000根刺的成年刺猬当
然是冠军!**

　　这种小型哺乳动物周身长着2至3厘米
长、中空且带有沟纹的毛。它们轻巧而结
实,形成了一件柔韧又坚固的铠甲,甚至
让中世纪的骑士也嫉妒!刺猬会不停地更
换它的刺:一根刺的寿命仅有12到18个
月,人类头发在头上停留的时间是其2至3
倍。刺猬的刺每三根长在一起。刺猬受到
威胁缩成一团时,每一根刺都朝向不同的
方向。在如此完备的防御面前,即使是最
主动出击的狐狸或者狗,也会在将刺猬当
作美餐之前犹豫不决。

　　与此同时,这个具有威慑力的防御装
置也是刺猬在自我清洁时的大难题。即使
刺猬拥有长长的脚和很大的爪子,它也没
有办法赶走在它皮肤上安家的所有虱子、
蜱(pí)虫和跳蚤。刺猬在状态最佳时,
可以忍受这些寄生虫。但它对有毒的化学
物质毫无招架之力,并且会被行进中的车
辆压扁。平均每1000只刺猬中,只有一只
能活到标准年龄——7岁。

　　那么,哪种动物最干净呢?答案在第
85页。

你知道吗?

　　海胆因为它的壳带刺,也被称作海中
的刺猬。这些含钙的刺主要用于防御,有
时也被用作拐杖。这个海洋无脊椎动物随
心所欲地将它的双腿从刺间伸出,像攀岩
一样把它们依次挂靠在石头上。

世界上有比鸟儿 **还大** 的昆虫吗？

▶ **可能是有的，前提是我们要在鸟类和昆虫中都选取极端的例子。**

在古巴生活的吸蜜蜂鸟是世界上最小的鸟类：它从喙到尾巴的长度不超过6厘米，翼展为3.5厘米，体重2克。世界上最大的昆虫有人类的手掌那么大。圭亚那的泰坦甲虫身长达到16厘米，堪称"巨人"，而东南亚的皇蛾翼展能达到25厘米！值得注意的是，和最小的鸟儿一样，这些大型昆虫也生活在热带地区。

体形与戴菊几乎相同的火冠戴菊，是欧洲范围内能找到的最小的鸟儿。火冠戴菊从喙尖到尾巴末端的长度是9厘米。帝王伟蜓是欧洲最大的飞行类昆虫，长度可达9到10厘米，翼展为11厘米；而戴菊的翼展有15厘米。

最后，身体最重的昆虫是新西兰的一种名叫沙螽的蚱蜢，它在产卵之前重达71克。在它面前，7克重的戴菊就显得很渺小了。

你知道吗？

值得一提的是，有史以来最大的昆虫——巨脉蜻蜓已经消失了。这个在法国阿列省被发现的独特品种在约2.5亿年前生活过，它的翅膀化石证明，它的翼展在60到75厘米之间。

哪种鱼的队伍最团结？

▶ **答案是以密集队形移动的沙丁鱼。在它们之中，既没有纠纷，也没有竞争。它们的鱼群在没有领队的情况下自动组织安排，并且运作良好。**

猎犬群由一对被称作"阿尔法"的雌雄猎犬统领，猛禽群以一只雄性为首，鱼群却没有团队领袖。碰巧游在鱼群最前方的鱼决定着鱼群的节奏，而每一条沙丁鱼都会观察它的友邻做出一样的动作。沙丁鱼也会根据侧线感知方向变化，做出相应的调整。侧线是一个敏感的区域，它能实时记录水流的动向。

我们已知的最大的鱼群是每年在南非海岸线北上的"沙丁鱼跑团"，它有上亿个成员！没有人真正去数过鱼的数量，但卫星观测到的鱼群足有15千米长、3.5千米宽、40米高！

当然，这样一大群鱼吸引的不仅是渔船，还有数以千计的海鸟、鲸鱼和掠食性鱼类。尽管如此，鱼群的结构仍能拯救足够的鱼儿，并达到自己的最终目的：种群的世代繁衍。

你知道吗？

普通鸬鹚也拥有出色的队伍，它们会发起精彩绝伦的集体钓鱼活动，其他一些鸟类也会参加。鸬鹚们成群结队地游在鱼群上方，已经在赛场上的白鹭和苍鹭负责寻找为了躲避攻击而离开鱼群的小鱼。在这些集群活动中，每种鸟类一般有50到100只。

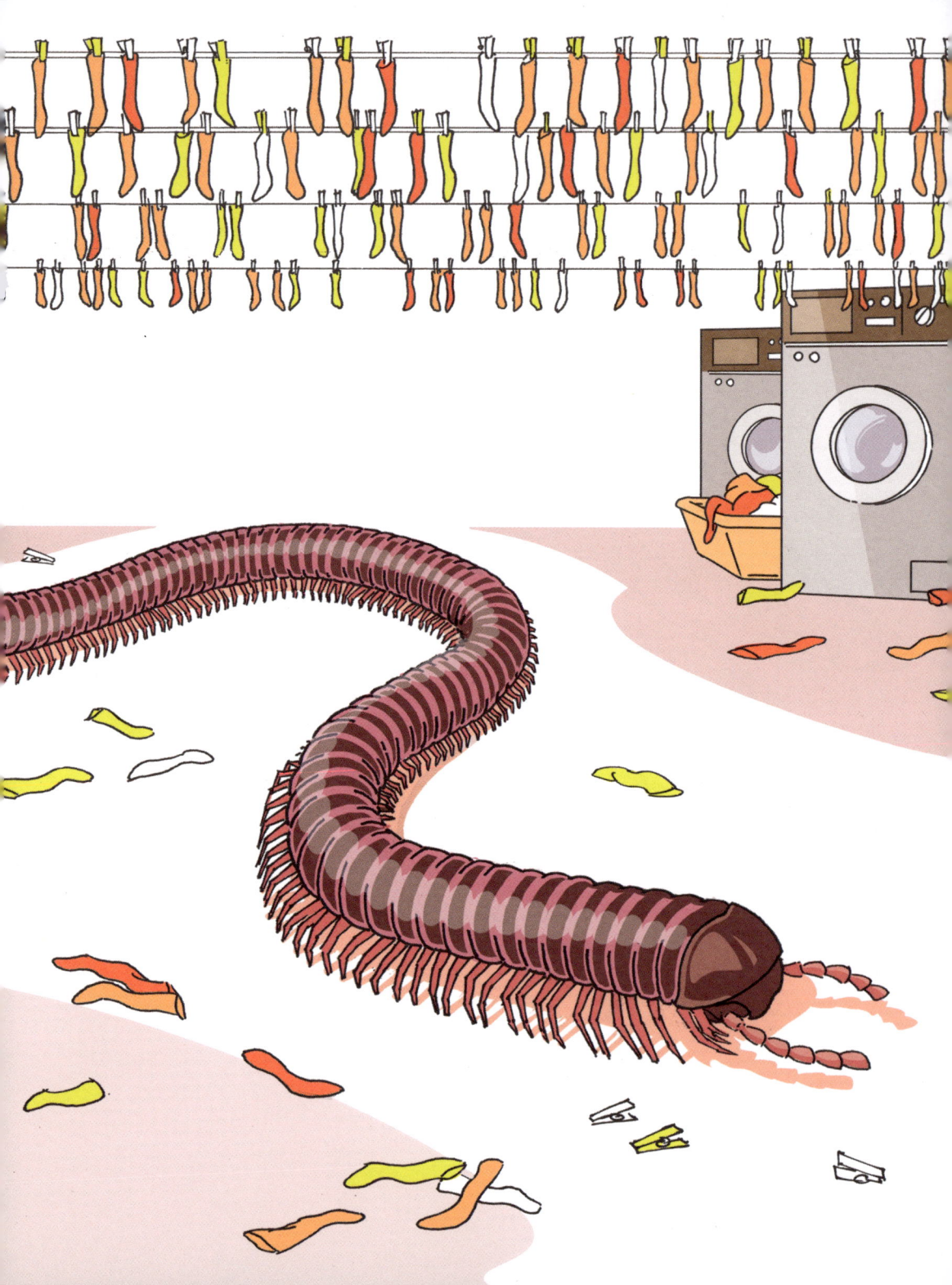

什么**虫子**的
脚最多?

▶ 尽管没有任何物种拥有500对以上的脚,这项赛事的冠军仍然要颁给蜈蚣。

蜈蚣属于多足亚门,而多足亚门的字面意义就是"很多脚"。事实上,多足亚门昆虫都有触角和18只以上的脚,但它们全都没有翅膀。多足亚门中最常见的是拥有15对脚的石蜈蚣,和有时被称作"千足虫"的地蜈蚣。凭借着177对脚,后者保持着欧洲范围内的纪录,成年地蜈蚣的长度能达到22厘米。在国际舞台上,这项赛事的纪录保持者是来自美国加利福尼亚州的一种非常稀有的多足亚门昆虫,它有多达752只脚!

尽管,或者幸好它们拥有如此多的脚,多足亚门昆虫的爬行速度非常快,它们100米跑的成绩是5分钟以内,如果有人组织这项赛事,它们随时都能证明自己。

你知道,多足亚门昆虫只有一个念头,那就是躲避光照。它们大多在夜间活动,非常低调地在地下生活。

你知道吗?

蜈蚣也是庞大的节肢动物门的一员。节肢动物门指的是腿带关节的动物,比如昆虫、蜘蛛和甲壳动物。

别忘了,成年昆虫拥有不多不少3对脚,但蜘蛛拥有4对。

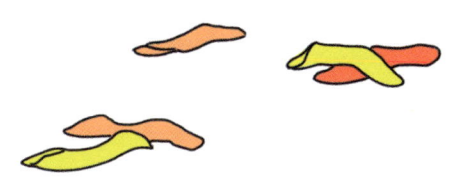

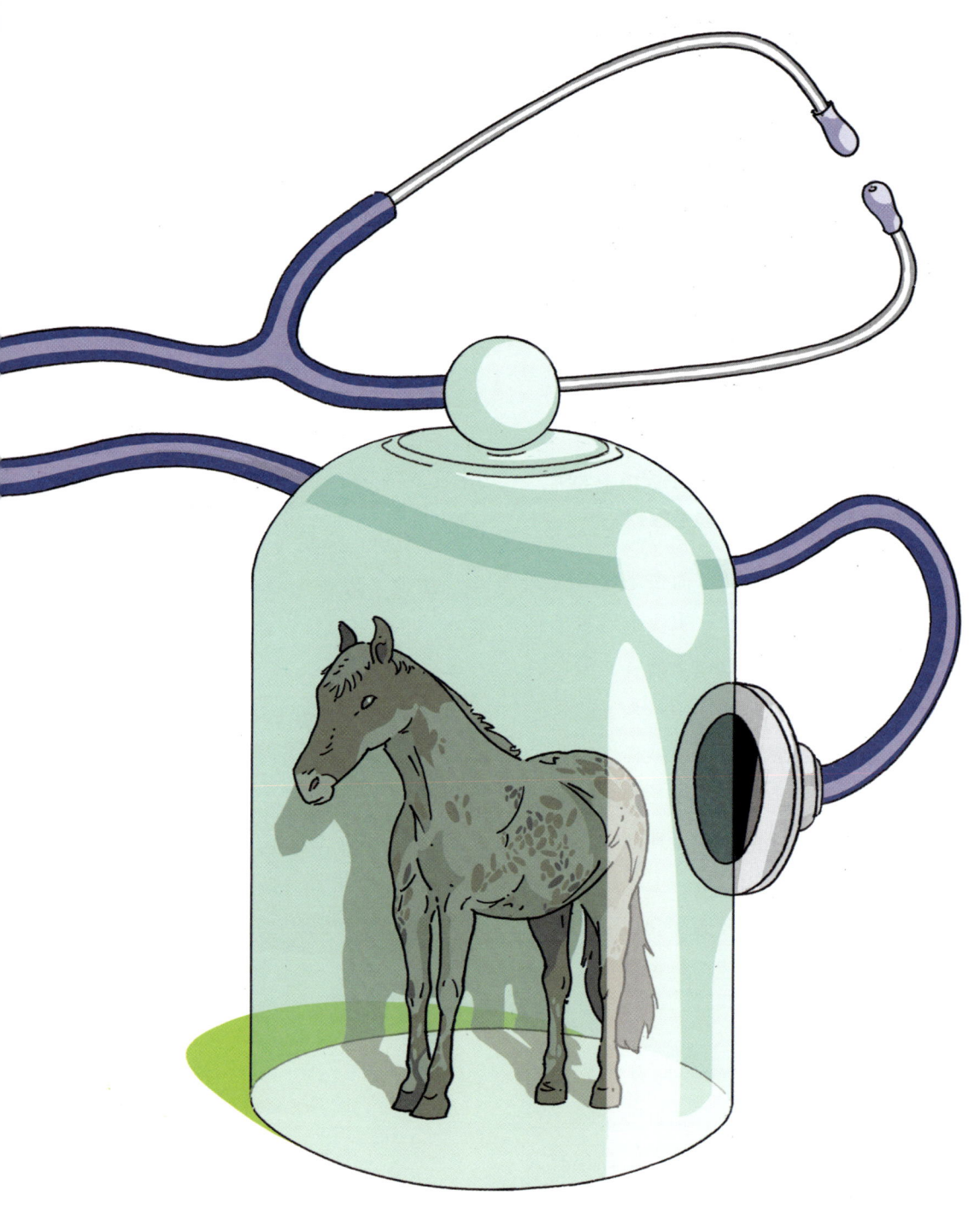

什么哺乳动物的
心跳最慢？

▶ **在海洋中，蓝鲸的心脏跳得最慢。蓝鲸在水面上游动时，它的心脏每分钟跳动15次。在陆地上，休息中的马则是冠军得主：它的心脏每分钟跳动25次。**

哺乳动物中有这样一条规则：动物的体形越大，它的心率就越慢，所以鲸鱼的心跳远远慢于马。一匹小马的心脏每分钟跳动70次，而小小的鼩鼱心脏每秒跳动29次。在人类中，婴儿的心跳也更快一些。

这样的现象又该如何解释呢？心率根据对能量的需求来决定。其中一种解释是，比起大型哺乳动物，小型哺乳动物的皮肤面积相对它的身体大小比例要高一些，所以身体能贮存的热量更少。

小型哺乳动物需要更多的能量来维持生存，所以它的心脏需要跳得更快，让身体保持恒定的温度。心率也和心脏的大小、需要输送的血液量以及所需精力有关。赛马结束时，一匹纯种马的心跳能达到每分钟240次。

那么，世界上有100岁的动物吗？答案在第73页。

你知道吗？

动物的身体与心脏的大小比例是符合逻辑的：体积最大的动物也有着最大的心脏。蓝鲸的心脏重达600千克，也就是它体重的0.5%。相对自身体重来说，马的心脏重量则是蓝鲸的两倍。然而，这项纪录的得主是长颈鹿，它的心脏重达自身体重的1.2%——要将血液输送到3米高的大脑，这是很有必要的。

钻地最深的动物是什么?

▶ **淘汰掉出没或生活在很深的地洞中的作弊者后,这项赛事的冠军得主非欧洲狗獾莫属。**

这位运动员打的洞深达地下5米,而它楔形的身体让它成了一台真正的隧道挖掘机。它用锋利的爪子铲动泥土,然后将泥土推出洞外。

这种夜间活动的动物能挖出直径为20至25厘米的地道,足以让它10到12千克的身体在其中自由进出。

英国的研究人员深入调查了一个古老的洞穴,平均1米深的地道组成了一个长达300米、面积相当于3个网球场那么大的迷宫。它在地面上有10余个入口,每个入口前方都有一个很大的锥形土堆。

据推测,一代又一代狗獾清除掉25吨

的石头和泥土,才能建造和维护这个地下网络。

你知道吗?

相比狗獾,鼹鼠略逊一筹,它挖的地道要狭窄一些,但有时长达200米。当地道离地面只有10或20厘米时,它会将清理掉的泥土堆成相距很近的小山丘;当鼹鼠在地里钻入50厘米深时,小山丘的间距就变大了。

原来如此!

在水下,能到达水深3000米处的抹香鲸是潜水冠军。这种地球上最大的掠食者重达50吨,它因为头很重而潜入水中——抹香鲸的头占身体重量的1/3。

什么动物 最贪睡?

▶ **两种哺乳动物在这项赛事上展开了角逐,那就是蝙蝠和土拨鼠。它们70%的时间都处于睡眠或者昏睡的状态。**

在欧洲地区,蝙蝠一年中只活动7个月,而且只在夜间出没。在夏季,它们在将要日落时离开巢穴,并在日出时返回。夏天的夜晚比较短,所以它们每天会在窝里待14小时以上。在一年中的其他时候,它们都在冬眠。昏睡状态与睡眠状态不同,昏睡时蝙蝠的体温会显著下降,呼吸和心率也都明显减缓。

土拨鼠冬眠的时间更长,因为山区的冬天更漫长一些。土拨鼠会在6个月内处于昏睡状态,但与其他啮齿动物不同的是,在夏季,它们白天活动,晚上在巢穴中睡觉,一天的睡眠时间只有6到8小时。

在不冬眠的动物之中,家猫是最贪睡的。吃饱的家猫每天完全可以睡上20小时。

你知道吗?

常见的动物中谁睡得最少?答案是马。正常情况下,马每天花2到6小时睡觉,2到6小时闲逛,12到20小时吃草。事实上,马的消化系统迫使它每4小时就要进食一次。

原来如此!

有一位我们无法归类的睡眠冠军,那就是海豚。它的左右脑是交替进入睡眠的:大脑左半球进入睡眠状态时,右半球仍在活跃,然后两个半球交换任务。因此,海豚不下沉也能在水中休息,而露出水面的鼻孔能让它进行呼吸。

什么哺乳动物的
幼崽最小？

▶ 有袋动物的幼崽跟……米粒一样大！

地球上的某些哺乳动物，我们很少会想起来，比如有袋动物。袋鼠、考拉或者负鼠都属于这个群体，它们的幼崽体形真的非常小。事实上，在有袋动物中，胚胎会在母体外继续发育。因此，幼崽们不断获取营养的渠道不是胎盘，而是母亲的乳房：它们会在数月内一动不动地趴在乳房上。这也是为什么它们可以在如此弱小的情况下，就离开母亲的子宫。

在欧洲地区，棕熊在这项微缩比赛上的成绩和有袋动物有着很大的差距。母棕熊会生出一到两只和大老鼠一样大的幼崽。幼熊来到世上的时候，看起来有些遢遢，它在生命伊始时外形并不完美。幼熊没有毛，眼睛也看不见东西，体重只

有300克，相当于自己母亲体重的1/300到1/250。如果人类的新生儿也遵循这个比例的话，那大概就只有250克重了。

体重只有母亲的1/110的狗獾幼崽排在第二位。值得注意的是，棕熊和狗獾都是杂食性哺乳动物，它们都冬眠。雌性棕熊会在深冬的巢穴中产下幼崽，而狗獾则是在春季。它们的幼崽都得在三四个月后才能睁眼看世界。

你知道吗？

相对于母亲的大小来说，最大的幼崽是鲸类的幼崽。这些新生儿大小约为母亲的1/3，也就是说，一只常见的海豚幼崽长达1米。

世界上有 100岁 的动物吗?

▶ **有啊，动物在人类医学进步之前就已经很长寿了。这项赛事的冠军是一只超过500岁的北极蛤。**

有谁知道一头野生动物能活到多少岁呢？事实上，大部分野生动物都不是自然死亡的。在著名的百岁动物之中，有活过一个半世纪的乌龟。渴望获得奖杯的渔民们曾发现非常年老的水生物。在甲壳动物之中，有一只20千克重的龙虾，大约140岁。在软体动物中，根据外壳上的年轮，人们测出一只直径8.5厘米的北极蛤年龄是507岁。但是，我们无法得知，要是它没在2006年被从冰岛拿走的话，它到底还能活多少年。

被圈养的动物年龄往往更加精确，但并非没有争议。据说，瑞典有条鳗鱼在井里生活了155年；日本的一条锦鲤在1977年去世时，已经226岁了。

你知道吗？

动物的平均寿命与世界纪录之间往往有着很大的差距。举个例子，常见的知更鸟寿命很少会超过3年，但是它的长寿纪录是17岁3个月。

原来如此！

在哺乳动物当中，体形大而温和的动物比小而活泼的动物寿命长。好动的鼩鼱寿命不超过2岁，而安静的大象能经历70个春秋。这一切都是由心脏决定的：无论哺乳动物大小如何，它的心脏都会跳动8到9亿次。

哪种动物的 大脑最大？

▶ **如果说蓝鲸是体形最大的动物，那么它的亲戚抹香鲸则拥有最大的大脑。**

抹香鲸的大脑重达7到8千克，是人类大脑的5倍，但抹香鲸的体形却是人类的300倍。因此，抹香鲸的大脑相对于它的体形就没有那么大了。

海洋世界汇集了大部分大脑袋动物。软体动物章鱼的大脑有多达5亿个神经元，这比老鼠、蜜蜂或者蚯蚓的神经元还要多得多。

章鱼的神经细胞分布在它的9个大脑中，其中一个位于中间，其余8个则分布在章鱼每根触手的根部。科学家们用章鱼做的一项实验证实，为了抓住躲藏在罐子中的猎物，章鱼能够拧开罐子的盖子。

凭借由眼睛、触手和吸盘传递的信息，章鱼的大脑们能控制整个身体的行动。

每种动物都有智慧解决它在生活中遇到的问题，并与它的感官和能力相匹配。毫无疑问，螃蟹、沙丁鱼或海鸥在这项考试上不及格。

你知道吗？

需要注意的是，大脑的大小和智慧程度并不成正比。无论是人类还是其他动物，智慧程度并不取决于大脑灰质的重量，而是神经细胞排列的结构。

什么鸟的

巢最大?

▶ 这个问题的答案是白鹳。白鹳每年都会加固它已然成为一个宏伟奖台的巢：直径2米，重达500千克。

　　雄性白鹳会先行建造新巢或修缮去年搭建的巢。它衔来和草混杂在一起的树枝、小枝和葡萄藤新梢。未来的鸟巢坐落在一个开阔的地方——在树木、建筑物、天线塔或者一个专门用于筑巢的地方的高处。

　　接着，雌性白鹳会用树叶、干草和苔藓装饰巢穴的内部。它也会使用其他材料，比如塑料和纸，甚至是牛粪。之后，它会利用身体制作出巢穴窝的形状。

　　在鸟巢中进行杂技般的交配后，雌性白鹳会产下三四个比鸡蛋大不了多少的鸟蛋。白鹳夫妇轮流孵化和哺育雏鸟。和所有雏鸟一样，小白鹳的身体长得像父母一样大时，便会离开它们巨大的摇篮。

鱼离开水

可以活多久?

▶ **在这项有些特别的赛事上，领先的是欧洲鳗鲡：它能够在水外待几十分钟，比如在需要绕过障碍物的时候。**

我们当然不可能在松林中遇见欧洲鳗鲡，但是它一定可以在重新找到流水之前，轻松地爬越潮湿的草原。它拥有蛇一般的体形，但皮肤并不干燥，身体上覆盖着一层厚厚的黏液，能从任何想徒手抓它的人手中滑脱。这种黏稠的液体不仅能使欧洲鳗鲡避免在露天中脱水，而且能让它通过极小的鱼鳞吸收氧气。在水中，欧洲鳗鲡用鳃来呼吸。它的鳃位于狭窄的腔内，并一直保持湿润。

成年欧洲鳗鲡在河中生活10到20年之后，就会去大海里繁殖，这时它的鳃就会变成排出盐分的机器。这样一来，氯化钠就不会在它的体内沉积。

你知道吗?

大部分鱼在离开水之后就会迅速死亡，但当我们排干池塘之后，鲇鱼和某些鲤鱼还能在淤泥中生存好几天。

原来如此!

红树林是经常被海水淹没的热带森林。在红树林中，生活着弹涂鱼——一种属于虾虎鱼家族的两栖鱼。它们会定期离开水，依靠胸鳍在石头、树枝或者淤泥上移动。

哪种动物

最 顽强？

▶ 这项赛事的冠军是一种不起眼的小动物：水熊。它能够毫发无损地承受极端条件，甚至是进入几乎完全脱水的状态。

这个奇怪的动物有8只带着爪子的脚，身长约1毫米。我们所知道的水熊虫大概有上百种，它们遍布世界各处：陆地或者水中，城市或者森林里，或冷或热的沙漠中，大海或者大山里都可见它们的身影。

它们的生存能力太强了，以至于科学家们让它们去参加我们星球外的赛事。这些极端条件下的幸存者，有些耐受了零下272℃的严寒，有些承受了100℃以上的高温，有些则抵挡住了巨大的压力。一只水熊虫在被冰冻30年之后复活了，还有一些则经受了真空和强烈紫外线的考验，从太空旅行中安全归来。有理由相信，这些长相酷似吸尘器滤袋、被英国人称作水熊的小虫是永远不死的。

你知道吗？

3000米深处的海底世界，一天24小时都笼罩在黑暗之中。海底的压强比水面要强300到500倍，水温在0到2℃之间，食物非常稀少。这一切都不能阻止一些鱼儿、枪乌贼、甲壳动物和海星在海底深渊中生活——它们全都是肉食性或者碎屑食性动物。

什么鸟在夜晚看得更清楚？

▶ **任何动物的眼睛都无法在漆黑的夜里发挥作用。然而，只要月亮和星星提供一点点光亮，猫头鹰和枭就能看见障碍物、树木或建筑。**

这些夜间活动的猛禽都有着很大的眼睛——几乎和人类的眼睛一样大，但它们的头要比人类小得多。它们的瞳孔能够捕捉最细微的光亮，放大时会变成圆形。这些鸟儿的视网膜上有许多杆状体，也就是感光的细胞。但这些猛禽并不会因此就像很多人认为的那样——在白天眼花。

在白天活动的猛禽，双眼分别位于头的两侧，而猫头鹰和枭的眼睛则位于面部前方。即使眼睛不能动，这些鸟儿也能看清地形。它们会旋转脑袋来扩大视线范围，获得270度的视野。可以说，它们甚至能看到身后的情况。

猫头鹰和枭会主要依靠它们比我们强10倍的听力来捕猎。它们可以察觉到在活动时忘记保持安静的小型啮齿动物窸窸窣窣的声音。

那么，哪种动物的视力最佳呢？答案请看第91页。

你知道吗？

在黑暗之中，蝙蝠会依靠它们的耳朵来判断猎物和障碍物的位置。它们会发出一系列我们听不到的短促而尖锐的声音。这些超声波会在接触事物时快速地返回这些会飞的哺乳动物的耳中。然后，蝙蝠的大脑会推断出障碍物的位置，并且判断出障碍物是墙壁、树叶还是蝴蝶。

哪种动物最干净?

▶ 既没有肥皂，也没有沐浴液，但动物们自己会梳洗以保持健康，而它们当中最勤奋的当属在森林中安置露天浴室的野猪了。

野猪既没有能够梳理皮毛的爪子，也不像猫一样有柔韧的身体和能舔自己皮毛的舌头。野猪使用的是另一个方法，它会通过踩踏湿润的泥土给自己做一个被称为烂泥坑的泥池，然后在里面打滚，让毛发沾上污泥。野猪从"浴盆"里出来时看起来非常邋遢，但身上的泥土风干后，它便会在树干上摩擦身体，借此去除脱落的毛发和在身上安营扎寨的寄生虫。

欧洲马鹿会使用相同的技巧来清洁身体或者梳洗打扮。而熊在树干上摩擦身体或者狼在地上打滚时，则并不是为了洗澡或者搔痒，而是为了留下自己的气味。

哪种动物
最古老？

▶ **答案是在你们的地下室或者澡盆下面出没的一种生物——别称"银鱼"的衣鱼。**

虽然它的名字和形态如此暗示，但衣鱼并不是一种鱼类，而是一种昆虫。衣鱼没有翅膀，但在躲避光照时跑得很快。在它覆满闪亮鳞片的身体末端，有两条长长的被称为尾须的细丝。

为了不断适应新的生存环境，大部分动物都在进化过程中改变了形态。然而，科学家们认为衣鱼和它们已经在地球上存在了3亿年的祖先很相似。正因为外表几乎没有发生变化，它们有时会被人们当成活化石或者原始昆虫，但这没有任何意义，因为在一代代的遗传中，它们的遗传基因已经发生变化。

某些物种适应了我们的房子并且以纸或者纸箱为食。正因如此，图书管理员们和邮票收集者都害怕它们，并且向它们宣战。

你知道吗？

那么最年轻的动物又是什么呢？它就在犬类当中。

狗的大部分品种其历史都短于两个世纪，而繁育和血统的概念都是近期才出现的。大部分犬类的祖先是狼，通过人工选择被改变了基因。

哪种动物
能一次养育
最多的幼崽？

▶ **蓝山雀完全可以称得上英雄母亲。**

在哺乳动物中，兔子可以同时哺育14只小兔子，老鼠可以照顾十几只同胞幼崽，但这项纪录的得主是一胎能养育多达16只雏鸟的蓝山雀。

雌性蓝山雀平均一次能孵化7到13只鸟蛋，蛋的数量由场所、海拔、气候条件、鸟窝的大小以及环境中的食物条件决定。这只12克重的小鸟能每天产下一枚不超过2克重的鸟蛋。当它认为产卵结束时，它就会开始孵卵，此时，雄性蓝山雀会和雌鸟轮流孵蛋或者补给食物。在不到15天的孵卵期之后，所有的雏鸟都会在24小时内陆陆续续地破壳而出。

面对饥肠辘辘的雏鸟们，父母就有了艰巨的哺育任务。在三个星期内，它们每天上百次来回，给雏鸟们带来绿色毛毛虫、小型昆虫和蜘蛛当作食物。

那么，什么鸟的巢最大呢？答案在第77页。

你知道吗？

蓝山雀并不是下蛋最多的动物。在鼎盛时期，蜂后能在一周内产下超1.5万只卵，贻贝能在海洋中一次留下多达100万只幼虫，成年翻车鱼在热带水域中一次能排出3亿只鱼卵。但这些母亲全都不会照顾它们的后代。

哪种**动物**的

视力最好？

▶ 这项赛事的冠军在白天活动的猛禽家族中产生：在小体重类别中，这项殊荣由红隼获得。

红隼因在离地20到40米的空中稳定飞行捕猎而闻名。发现小型啮齿动物后，红隼会等待突袭的最佳时机。和金雕或者游隼一样，红隼大大的眼睛呈深深的管状，所以在视网膜上投射的影像会被直接放大，就像投影仪投屏时那样。

但是，靠着视网膜上两个视觉接收系统发达的区域——视网膜中央凹，红隼的视力依然很好。一个视网膜中央凹位于视网膜中部，主要负责寻找猎物，另一个位于太阳穴，主要在伸出爪子抓捕小鸟或者啮齿动物时发挥作用。这套系统只有在光线足够明亮时才有用。

此外，红隼也有可能对啮齿动物的尿液所放射的紫外线很敏感。

你知道吗？

鼹鼠有着很小的眼睛。但与我们所认为的相反，这个小型哺乳动物并不是盲的，它只是视力差。对于这种90%的时间都生活在黑暗的地下、善于掘地的动物来说，这是很符合逻辑的。鼹鼠主要依靠触觉和嗅觉。

原来如此！

不是所有的动物都只有两只眼睛。某些蚱蜢有5只眼睛，蜘蛛有多达8只眼睛，而扇贝则拥有200多只靠反射发挥作用的眼睛。这些眼睛能让扇贝发现它的掠食者，那就是每个触手末端都有一只退化的眼睛的海星。

哪种哺乳动物的毛最多?

▶ **这项赛事的世界纪录保持者是每平方厘米皮肤拥有15万根毛的水獭,它在欧洲河边生活的亲戚占据着第二名的位置。**

最有耐心的观察者在1平方厘米的欧亚水獭的皮肤上数出了8万根毛,而其他人则没能完成计数——他们在数到大约第5万根毛时就睡着了。

水獭通体覆盖着浓密的棕色皮毛,肚子和胸部的毛色要浅一些,几乎所有的毛都又短又细。这些毛略微弯曲,以便留住空气中的气泡,那些气泡能帮皮肤抵抗水或空气中的寒冷。

事实上,这个在水中生活的哺乳动物的皮下脂肪非常少。这些被称为绒毛的毛被其他更长、更粗、更硬的毛所覆盖,形成了一个光亮防水的绒面。绒面能够防止绒毛被浸湿,并像潜水服一样帮助水獭滑入水中,快速进入水下狩猎状态。

相比之下,根据不同的品种,一条健康的狗每平方厘米的皮肤上只有100到500根毛,猫每平方厘米有800到1600根毛,而它们的主人即使再年轻,每平方厘米的头皮上也最多只有300根头发。

你知道吗?

如果说毛发是哺乳动物的标志,某些哺乳动物——比如鲸类——是没有毛发的,而蜘蛛和毛毛虫却有毛发。这些昆虫用毛来记录空气或者它们所栖息的支撑物的振动。

它们也可以作为防御工具,就像毛毛虫的毛能让人得荨麻疹。

陆地上最亮的动物是什么？

▶ **在陆地上，这项赛事的冠军是别名萤火虫的发光虫。**

不要混淆，发光虫并不是蠕虫，而是昆虫，并且和瓢虫一样属于鞘翅目。它由雌性发光虫修长有节且无翅的身体和发光虫在夜间发出的绿色冷光而得名——发光虫无论是雌性、雄性、幼虫或是虫卵都能发光。

发光虫的光由它体内的生物发光细胞产生。在这些细胞里所发生的化学反应会用发光的方式释放出能量。雌性发光虫发出的光更亮，它会在一根青草上抬起腹部末端，以便从高处也能被看到。雌性发光虫用发光的方式来回应雄性发光虫的求偶信号，并让同类的其他雄性知道自己的存在。

之后，具有翅膀的雄性发光虫会飞到雌性身边。发光虫发出的光并不很强，它们主要依靠发光的节奏来避免同类将自己与其他虫类混淆。

你知道吗？

在生物发光界的佼佼者中，有些是海上的夜间动物，另一些则是一直生活在黑暗中的深海动物。

它们当中，几乎所有动物都能发光：浮游生物、细菌、水母、乌贼、海星以及深海鱼类。这种生物发光现象的主要作用是繁殖、交流、捕猎，甚至伪装。

哪种**动物**最**臭**？

▶ **在欧洲，臭鼬赫赫有名，它能发出最臭的气体。**

事实上，这个独来独往的动物过着不引人注目的生活。和其他食肉哺乳动物一样，臭鼬会用尿液和粪便来标记领地，而它肛门腺产生的臭味格外强烈。臭鼬的同类能识别这些气味，得知留下气味的臭鼬的性别以及它在何时曾经过此地。

直到现在，这一切听上去都没有什么特别的。臭鼬独一无二的地方在于它感受到威胁的时候，会让身体呈"U"形，不让敌人从视野中消失，接着，它会从肛门中朝敌人的方向喷射出一种令人作呕的气体。这样一来，敌人在数日内都会散发着臭鼬难闻的气味。你一定同意，臭鼬的这个举动是毫无体育精神的。

尽管如此，臭鼬曾经被人类驯化并被叫作白鼬。它们能帮助人类猎捕兔子和啮齿动物。今天，有些人甚至将白鼬当作宠物饲养。

你知道吗？

臭虫的胸部拥有能散发出气味的腺体，它们能在所经之处留下难闻的气味。如果您曾经吃过被这种气味所污染的覆盆子，您一定知道它的厉害！臭虫的气味能够使掠食者失去胃口，不过，鸟类的嗅觉并不是很发达。

谁是历史上
最大的掠食者？

▶ **这个悲哀奖项的得主是智人，也就是现在的人类。**

人类不仅在战争时代互相残杀，而且在他们的活动过程中，造成了每年2.5万个物种的灭绝。因为只有已知的物种会被纳入清点范围，所以这个数字很有可能被低估了。灭绝是不可逆转的——到现在为止，还没有物种被成功地复活过。

造成生态系统损失的原因令人羞愧且众所周知：农耕、畜牧、森林砍伐和采矿摧毁了动物的栖息地，还有密集捕猎和捕鱼，环境污染和气候变化。

世界自然基金会（WWF）的最新报告指出：在1970年到2012年之间，脊椎动物的数量下降了58%。专家已经确认我们的星球进入了第六次大型物种灭绝，而这次灭绝的速度比6600万年前敲响恐龙丧钟的那次还要快100倍。

被人类远远甩在身后的第二名是老鼠。这个物种一直被人类高度警惕：它们破坏庄稼并通过身上的跳蚤传播可怕的瘟疫。

你知道吗？

无论环境如何，掠食者都不会在大自然中大量繁殖。它们的数量由生存环境所提供的食物数量来控制。事实上，掠食者的数量越多，吃得也就越多，猎物的紧缺会造成掠食者数量的减少。

作者简介

娜塔莉·托尔杰曼（Nathalie Tordjman）：研究环保与动物的记者，为多家杂志和出版社撰稿。

弗雷德里克·米肖（Frédéric Michaud）：插画家及新闻画家，呈现梦幻诗意的图画世界。

译者简介

张悠然：自由译者，出生于法国巴黎，6岁时随父母移居中国广州，15岁到巴黎读高中，以理科最高荣誉毕业，入圣路易中学预科班，并以优异成绩考入高等经济商业学院，获得管理学硕士学位，现于瑞士跨国公司从事财务管控。精通中、英、法及西班牙语，喜欢文学和艺术，擅长口译和笔译。